WORLD OF
TYRANNOSARUS REX

WORLD OF
OF
TYRANNOSARUS REX

VON

DENIS GEIER

TRIVIALLITERATUR-EROTIK

Impressum:

Verlag: CreateSpace, USA, Charleston,SC

Druck: siehe letzte Seite

Urheberrechtsinhaber siehe Seite 88

Bildrechte siehe Seite 86

ISBN-13: 978-1505888874

ISBN-10: 1505888875

Durch eine gigantische Gammastrahlen-explosion wird das Raumschiff Star-Nesto 400 in die Vergangenheit katapul-tiert und muss auf der prähistorischen Erde notlanden. Aus Furcht, durch ihre Anwesenheit die Zukunft zu verändern, entscheidet sich die Mannschaft, das Raumschiff und sämtliche modernen Gerätschaften zu zerstören. Denn es ist die Zeit der Dinosaurier und die Lebens-form Mensch gibt es noch gar nicht.

Als kurze Zeit später einige Crewmitglie-der überraschend schwanger werden und sich somit eine neue Generation an-kündigt, trifft Kapitän Tiberius eine grau-same Entscheidung. Er will um jeden Preis die Gründung einer neuen „frühzei-tigen" menschlichen Gesellschaft verhin-dern. Er sieht darin eine Gefahr, die die gesamte Evolution der Erde nachhaltig beeinflussen könnte.

TEIL 1: DIE ANKUNFT

Ruhig und friedlich gleitet der
Raumgleiter Nesto 400 um seinen
Heimatplaneten Erde. Alle Besatzungsmitglieder sind glücklich und
zufrieden, denn diesmal haben sie
nur einen Routineauftrag von der
Raumfahrtbehörde erhalten. Und
deshalb macht sich auch niemand
der fünfundzwanzig Mann starken
Besatzung ernsthaft Sorgen, dass
diesmal etwas Unvorhergesehe-
nes passieren könnte. Es ist ein
einfacher und perfekter Auftrag
und das auch noch in einer erdnahen Umlaufbahn. Deshalb sitzt
Kapitän Tiberius auch entspannt

auf der Brücke und genießt bei sanfter Musik den Anblick der Erde. Diesen besonderen Moment krönt er noch mit einer Tasse „Yin Zhen", seinem Lieblingstee. Doch leider wird dieser friedliche Augenblick durch einen Funkruf aus dem Maschinenraum schlagartig beendet.

Maschinenraum: „Aufwachen, Kapitän. Ich habe hier unten ein Problem."

Kapitän: „Na dann, lösen Sie es."

Maschineraum: „Würde ich ja gerne, aber meine Hände sind voller Schmiere und ich benötige noch zwei zusätzliche, kräftige Hände."

Der Kapitän lächelt und erwidert kess: „Dann muss ich wohl auch einmal Hand anlegen."

So steht er auf und verlässt langsam und gemütlich die Kommandozentrale des Raumschiffs. Im Maschinenraum angekommen, sieht er sich etwas um und spaziert durch die Gänge. Da entdeckt er endlich seinen Maschinenführer. Dieser steht nackt vor einem riesigen Kühlungsventilator und lächelt Tiberius zu. Der Kapitän erwidert das Lächeln und sagt:

„Also, ich bin echt froh, dass du kein fetter und verschmierter männlicher Mechaniker bist. So einen Anblick würde ich jetzt sicherlich nicht als so angenehm empfinden." Langsam geht

9

Tiberius auf seinen Maschinenoffizier zu. „Also, Deanna, du Göttin der Jagd und des Mondes, wie kann ich dir helfen?" Sie grinst und haucht ihm zart entgegen. „Hand anlegen, du sollst Hand anlegen." Der Kapitän dreht sich verlegen um und überprüft dabei noch einmal, ob sie alleine im Maschinenraum sind. „Also, Kapitän, ein bisschen mehr Selbstvertrauen hätte ich schon erwartet", sagt Deanna in dieser Situation spöttisch zu Tiberius. „Mach dir mal keine Sorgen, ich überprüfe nur die Situation und stehe dann aber…", er dreht sich noch einmal um, „… immer meinen Mann."

Deanna: „Papperlapapp, bei dir steht nur einer und das ist dein Schwanz."

Tiberius: „Sei doch nicht immer so ordinär. Schwanz... sag doch lieber Königskobra oder Zauberstab."

Deanna fängt an zu lachen.

Deanna: „Rede keinen Scheiß, deine Frau ist noch circa zwanzig Minuten im Lager beschäftigt, ich habe mich informiert. Also nicht lange labern, sondern loslegen."

Tiberius folgt Deannas Anweisung und kommt zu ihr herüber, dann berührt er vorsichtig ihren nackten Körper.

Tiberius: „Deine Hände sind ja gar nicht verschmiert! Sollst du deinen Kapitän über Funk anlügen?"

Deanna wirft ihr langes Haar zurück und sieht Tiberius tief in die Augen. Dann sagt sie selbstsicher und mit einer etwas raueren Stimme: „Ich zeig dir die Stelle, die voller Schmiere ist." Mit diesen Worten schmiegt sie ihren Oberkörper an den Raumschiffkommandanten und stimuliert ihn behutsam. Ihr betörender Duft macht ihn völlig wuschig, sodass es ihm sehr schwerfällt, diesen Reizen zu widerstehen. Als Deannas Hand nach nur wenigen Sekunden seinen Genitalbereich umkreist, brechen auch bei ihm alle Dämme der Vernunft. Leidenschaftlich küsst er sie nun und massiert dabei ihre geilen Brüste. Deanna entweicht bei diesem Vorgang ein leises Stöhnen und in ihrer Erregung drückt sie mit ihren Händen seinen Kopf ganz fest gegen ihren Oberkörper. Es ist einfach geil und Tiberius spürt, wie zufrieden Deanna ist. Plötzlich greift sie einfach nach seinem Schwanz und reibt ihn leicht. Dabei schaut sie ihm tief in die Augen. „Weißt du was?", flüstert sie leise. „Jetzt zeige ich dir meine schmierige Stelle." Ohne eine weitere Vorwarnung presst sie sich augenblicklich an ihn und führt mit ihrer rechten Hand Tiberius' Geschlechtsteil geschickt in ihre Muschi. Deanna ist so flutschig, dass Tiberius' Schwanz ohne Probleme in sie eindringen kann. Tief in ihr verharrt er einen Augenblick. Sie schauen sich wieder in die Augen und leise haucht sie ihm entgegen: „Bingo, Kapitän, Sie haben das Ziel erreicht." Tiberius antwortet nur mit einem heißen Lächeln, umfasst ihren Po und rammt seinen Liebesschwengel hemmungslos in ihr geiles Loch. Er vögelt sie mit wechselndem Tempo, bis auf einmal beide durch einen kräftigen Ruck im Raumschiff zu Boden fallen und ein Notsignal ertönt. Sofort springt Tiberius auf, zieht sich hektisch seine Hose hoch und rennt in Richtung Kommandozentrale. Auf dem Raumschiff herrschen Panik und ein wildes Durcheinander. Alle Crewmitglieder laufen desorientiert durch das Schiff, das sich ständig um die eigene Achse dreht. Nur der Kapitän rennt zielsicher in Richtung Kommandobrücke. Dort angekommen, versucht er zu retten, was zu retten ist. Bis auf einmal die Rotation des Raumschiffs stoppt und es mucksmäuschenstill wird an Bord.

Alle Besatzungsmitglieder erstarren und sehen sich nervös im Raumschiff um. Der Kapitän aber schaut erschrocken aus dem Cockpitfenster und beobachtet die Erde, die friedlich vor ihnen liegt. Auf einmal bewegt sich das Schiff und wird wie von einer fremden Macht rückwärts von der Erde weggezogen. Die Erde wird von einer Sekunde zur anderen winzig klein und verschwindet spurlos aus dem Sichtfeld von Kapitän Tiberius. In Lichtgeschwindigkeit wird die Nesto 400 nun durch das Universum gezogen. Dabei verlieren die Mitglieder der Mannschaft nacheinander das Bewusstsein, bis letztendlich Dunkelheit und Stille im Raumschiff einziehen.

Als die Crew wieder erwacht, ist Einigen schwindlig und schlecht, doch im Großen und Ganzen scheint es der Mannschaft gut zu gehen. Alle sind beruhigt, dass nichts Schlimmeres passiert ist und sie scheinbar immer noch in einer erdnahen Umlaufbahn sind. Denn aus den Fenstern des Raumschiffs ist immer noch deutlich die Erde zu sehen. Da betritt auf einmal seine Frau Aurelia wütend die Brücke und fragt aufgeregt, was denn passiert sei. Tiberius versucht, sie zu beruhigen, und erklärt ihr, dass alles in Ordnung sei. Doch da wird er von seinem Kommunikationsoffizier Lieutenant Aziz Lion unterbrochen.

Aziz: „Kapitän, wir haben keinen Funkkontakt mehr."

Tiberius: „Was? Versuchen Sie es noch einmal."

… sagt er nebenbei und diskutiert weiter mit Aurelia.

Aziz: „Kapitän, das habe ich schon mehrmals versucht. Wir haben keinen Funkkontakt mehr. Weder mit der Erde noch mit irgendeinem anderen Raumschiff in der Nähe. Es gibt eigentlich überhaupt keine Signale mehr, nur ein leichtes Hintergrundrauschen. Es ist so, als wäre jegliche Technik aus dem Quadranten verschwunden."

Wie in Zeitlupe dreht sich Tiberius jetzt in Richtung Aziz und sieht fragend aus dem Cockpitfenster.

Aziz: „Da draußen ist keiner mehr."

Tiberius schluckt und dreht sich ratlos zu seiner Mannschaft.

Tiberius: „Was bedeutet das? Wo sind sie alle hin?"

Er sieht zu Aziz Lion hinüber und schreit ihn an.

Tiberius: „Prüfen Sie die Koordinaten noch einmal. Das da draußen, was ist das für ein Planet?"

Aziz kontrolliert noch einmal alles, beißt sich aufgeregt auf die Unterlippe und spricht mit einem Kratzen im Hals zu seinem Vorgesetzten.

Aziz: „D-Das ist die Erde."

Tiberius: „Unsere Erde?"

Aziz nickt und fährt fort.

Aziz: „Ja, ich habe die Oberfläche gescannt, es ist tatsächlich unsere Erde. Nur gibt es keine Städte mehr und auch alle Raumschiffe sind spurlos verschwunden. Wenn wir wissen wollen, was passiert ist, müssen wir landen und selber nachsehen."

Aurelia: „Was könnte geschehen sein?"

Tiberius: „Darüber können wir nur spekulieren und das bringt im Moment überhaupt nichts. Wir müssen nachsehen. Fertig machen zur Landung."

Aziz: „Aye aye, Capt'n!"

Und so werden alle Landevorbereitungen an Bord getroffen. Nach nur zwanzig Minuten sind alle bereit und die Nesto 400 setzt zur Ladung auf ihrem Heimatplaneten an. Langsam dringt sie während des Anflugs in die Erdatmosphäre ein. Erst durch die Exosphäre, dann durch die Thermosphäre und Mesosphäre, bis sie endlich die Stratosphäre erreicht. In einer Höhe von circa 50km umkreist das Raumschiff nun die Erdoberfläche und die Besatzung kann das Ausmaß der Katastrophe mit ihren eigenen Augen sehen.

Aurelia: „Wunderschön ist das, wo sind wir? Fliegen wir über den Amazonas?"

Aziz: „Nein, laut unseren Koordinaten fliegen wir gerade über Nevada, USA."

Aurelia: „Nevada? Ist da nicht Wüste? Ich sehe hier aber keine

Wüste, nur gigantische Bäume und eine wahnsinnige Vegetation."

Das Raumschiff gleitet langsam weiter.

Aurelia: „Wir fliegen über Indien."

Tiberius: „Wie kommst du denn auf die Idee?"

Aurelia: „Ich hab da zwischen den Büschen einen Elefanten gesehen, auf jeden Fall etwas großes Graues."

Tiberius schaut Aurelia etwas zweifelnd an, gibt aber seinem Steuermann den Befehl zu wenden, um nachzusehen, was Aurelia gerade entdeckt hat.

Aurelia: „Da, seht ihr den Elefanten zwischen den Bäumen?"

Aziz: „Das ist kein Elefant."

Tiberius: „Das glaube ich auch, können wir näher heran?"

Aziz nickt und fliegt etwas tiefer. Nun erkennen alle deutlich, was Aurelia im Urwald gesehen hat. Kein Elefant durchstreift das Dickicht dieses Urwalds, sondern ein prähistorisches Geschöpf, mit dem niemand am Bord der Nesto 400 gerechnet hätte. Vor ihren Augen brechen die Bäume wie kleine Strohhalme und aus der Dunkelheit des Dschungels erscheint ein mächtiger

Tyrannosaurus Rex, der genauso überrascht dieses fliegende Objekt betrachtet, wie die Insassen ihn.

Der T-Rex hebt sein mächtiges Maul in den Wind und scheint die Witterung aufzunehmen. Dann

beginnt er mit einem furchteinflö-
ßenden Schrei, einen Angriff auf
das Raumschiff zu starten,
welches nur wenige Meter über
dem Boden schwebt. Doch die
Besatzung reagiert instinktiv
richtig und reißt das Raumschiff im
selben Moment in eine sichere
Höhe. Von dort aus beobachten
sie den Fleischfresser noch einige
Minuten, bis der Kapitän schließ-
lich einen neuen Befehlt gibt.

Kapitän: „Verschwinden wir hier
und suchen uns einen sicheren
Landeplatz."

Doch Aurelia, Deanna und alle
anderen Anwesenden ignorieren

diese Order und reden wild durcheinander, denn sie können es einfach nicht fassen, was sie da gerade live gesehen haben. Mit einem lauten „Ruhe!" unterbricht der Kapitän letztendlich aber dieses Durcheinander. „Alle auf ihren Posten!", befiehlt er streng. „Aziz, folgen Sie jetzt meinem Befehl und suchen Sie uns endlich einen sicheren Landeplatz. Ich bin in meiner Kabine und muss nachdenken." Mit diesen Worten verlässt er die Brücke. Als Aziz ihm einige Zeit später mitteilt, dass ein sicherer Landeplatz gefunden worden ist, gibt Kapitän Tiberius den Befehl zur Landung und beruft im selben Atemzug eine Konferenz auf der Brücke ein. Voller Spannung erscheint die gesamte Crew. Der Kapitän erscheint mit einer leichten Verspätung in der Kommandozentrale, beginnt aber sofort, den Anwesenden seine Sicht der Situation zu erklären. Alle lauschen fasziniert seinen Worten.

Tiberius: „Ich bin wie alle Anderen auch etwas durcheinander und habe versucht, anhand der mir vorliegenden Daten herauszufinden, was mit uns geschehen ist."

Schwer atmet Tiberius einmal durch und sieht in die fragenden, aber auch verängstigten Gesichter seiner Mannschaft.

Tiberius: „Wir sind tatsächlich auf unserem Heimatplaneten Erde, ABER in der Vergangenheit unserer Erdgeschichte."

Ein leises Raunen geht durch die Belegschaft der Nesto 400, doch Tiberius setzt ohne weitere Unterbrechung seine Rede fort.

„Ja, ich glaube, wir haben ungewollt eine Zeitreise gemacht und ich glaube ebenfalls, dass ich die Ursache dafür kenne. Ein Gammastrahlenblitz hat uns erfasst, durch eine Bündelung dieser unglaublichen Energiemasse wurden wir über eine geschlossene Weltlinie hierhergebracht."

Alle sehen sich ratlos an, doch eines der Besatzungsmitglieder stellt Tiberius eine neue Frage: „Was ist eine geschlossene Weltlinie und wie soll diese Zeitreise funktioniert haben?"

Der Kapitän versucht es zu erklären.

„Der geniale Mathematiker Kurt Gödel errechnete einst eine Formel, die er seinem Freund, dem Physiker Albert Einstein, zum Geburtstag schenkte. Diese Formel stellt das gesamte wissenschaftliche Denken auf den Kopf,

denn sie beweist, dass wir in unsere eigene Vergangenheit gelangen
können. Für Einstein war diese
Vorstellung so schrecklich, dass er
damals die Formel einfach
vernichtete. Doch alle hier
Anwesenden sind der Beweis, dass
Kurt Gödel wahrscheinlich recht
hatte. Laut seiner Formel dreht
sich das Universum um eine
imaginäre Achse, die sämtliche
Materie und auch die Raumzeit
mitzieht. Durch diese Rotation des
gesamten Kosmos' entstehen
diese geschlossenen Weltlinien,
die so stark gekrümmt sind, dass
sie in sich selbst zurückfließen.
Wenn ich also lange genug an

solch einer Line entlangwandern würde, käme ich nicht nur zu mir selbst zurück – ich käme in der Vergangenheit an! Fazit: auf diesen zeitartig geschlossenen Kurven sind Zeitreisen möglich. Laut Gödels Berechnungen müsste dafür ein Raumschiff mit mindestens 70 Prozent der Lichtgeschwindigkeit fliegen und ich glaube, die dafür benötigte Energie haben wir von dieser Gammastrahlenexplosion erhalten. Also, willkommen in der Vergangenheit unserer Erde."

Sprachlosigkeit verbreitet sich unter den Anwesenden, bis Aurelia diese Stille durchbricht.

Aurelia: „Wir können hier nicht bleiben. Wenn wir wirklich in der Vergangenheit sind, in einer Zeit, in der es noch keine Menschen auf dieser Erde gibt, würden wir vielleicht durch unsere Anwesenheit unsere eigene Zukunft und die Evolution des Menschen verhindern oder verändern. Wir haben hier Technik und Wissen aus der Zukunft. Wenn wir bleiben und eine neue Gesellschaft gründen, könnten wir dadurch eventuell alles ändern und ich weiß nicht, ob das wirklich so gut wäre."

Tiberius: „Und was schlägst du vor? Sollen wir in den Weltraum fliegen und dort sterben? Es gibt keinen anderen Planeten, der in unserem eigenen Sonnensystem jemals bewohnt war und auf dem wir Zuflucht finden könnten. Unser Treibstoff ist auch nicht unendlich. Vielleicht aber schaffen wir es zum Mars und dann? Dort gibt es mit Sicherheit keine Vegetation, die uns ein Überleben gewährleisten könnte. Wir müssen also hier auf der Erde überleben und neue Regeln aufstellen, damit unser Einfluss auf die Evolution möglichst gering bleibt."

Aurelia: „Es liegt in der Natur des Menschen, seine Umgebung den eigenen Bedürfnissen anzupassen.

Also ist es nur normal, dass jede Generation den Verlauf verändern wird. Je länger wir hier bleiben, desto größer ist unser Einfluss auf die Entstehungsgeschichte."

Tiberius: „Also müssen wir dafür sorgen, dass es keine weitere Generation gibt und wir alle Gegenstände aus der Zukunft dauerhaft vernichten."

Nach diesen Worten von Tiberius breitet sich Unsicherheit unter der Mannschaft aus, denn niemand ist sich sicher, was diese Entscheidung für jeden einzelnen bedeuten wird.

Aurelia: „Ich hab vorhin einen aktiven Vulkan gesehen. Wenn wir das Raumschiff in diesem versenken, wird sich alles in seine Bestandteile auflösen. Es gibt in der Zukunft somit keine Spuren unserer Anwesenheit in dieser prähistorischen Vergangenheit. Was haltet ihr davon?"

Die Besatzung stimmt darüber ab und entscheidet sich letztendlich für die endgültige Zerstörung aller Objekte, die sich nicht innerhalb von 500 Jahren selber auflösen oder verwittern. So beginnen die Mannschaftsmitglieder der Nesto 400 mit dem Bau von Holzunterkünften und Schutzzäunen, um

wenigstens einen minimalen Schutz vor den Dinosauriern dieser Epoche zu haben. Nachdem das Basislager errichtet und die Grundlage eines primitiven Lebens sichergestellt worden ist, starten Aurelia und Aziz Lion mit dem Raumschiff Nesto 400 zum letzten Flug in den aktiven Vulkan.

Tiberius: „Passt auf euch auf und kommt gesund zurück. Nach unseren Berechnungen benötigt ihr circa zwei Wochen, um das Basislager zu erreichen."

Wehmütig gibt Tiberius seiner Frau, die sich freiwillig für diese Mission gemeldet hat, einen Kuss und verabschiedet sich von ihr. Dann steigt das Raumschiff auf und verschwindet in den Wolken.

Im Lager kehrt aber schnell wieder der Alltag ein und die Gruppe versucht, mit einfachsten Waffen in dieser menschenfeindlichen Welt zu überleben. Der Verzicht auf die moderne Technik stößt jedoch nicht bei allen auf Verständnis, und als auch noch während einer Jagd zwei Menschen ums Leben kommen, spitzt sich die Situation zu und es entstehen zwei Interessengemeinschaften im Basislager der Menschen.

Tag für Tag wird die Stimmung im Lager gereizter und Aurelia und Aziz sind auch nach über drei Wochen noch nicht zurückgekehrt. So gehen alle davon aus, dass sie es nicht geschafft haben und in der Wildnis gestorben sind. Dieser Gedanke nagt ständig an Tiberius' Gewissen und bildet somit einen idealen Nährboden für seine Aggressionen und Wutausbrüche. Im Lager verbreitet sich deshalb schnell die Angst vor ihm. So ist er nach kurzer Zeit in den Augen seiner Mannschaft nicht mehr ganz zurechnungsfähig. Doch als Tiberius auch noch erfährt, dass ein Crewmitglied schwanger

41

geworden ist, eskaliert sein Zustand dramatisch. In dieser Geburt sieht er eine Gefahr für die gesamte Evolution der Erde. So tötet er das Kind barbarisch im Affekt, vor den Augen seiner Eltern und aller Besatzungsmitglieder. Diese erstarren zunächst, jagen dann aber gemeinsam ihren Anführer aus dem Lager. Tiberius fühlt sich trotz dieser grausamen Tat im Recht, denn er will die Zukunft der Menschheit und den bekannten Verlauf der Evolution sicherstellen. Allein, als Vertriebener, trifft er nun eine grausame Entscheidung. Es darf keine neue Generation geben. Alle

Nachfahren der Menschen müssen sterben. Bei diesem Gedanken sieht er in den dunklen Himmel und schreit wie ein wildgewordener Wolf in Richtung Mond. „Nicht nur die Kinder, ICH werde alle töten, die nicht in diese Zeit gehören." So eröffnet Tiberius eine wahnsinnige Jagd auf seine ehemaligen Mannschaftsmitglieder, denn er selber hat nichts mehr zu verlieren außer der Zukunft der Menschheit.

Ob es Tiberius gelingt, alle Besatzungsmitglieder zu töten, und ob er damit wirklich den Verlauf der Evolution wieder in den

Urzustand zurücksetzen kann, er-
fahren Sie im zweiten Teil

„Urinstinkte"
Voraussichtlich
ab 2016
im Handel.

ENDE Teil 1

Als kleinen Bonus gibt es in dieser Ausgabe noch eine erotische Überraschungskurzgeschichte.

„WENN DU KOMMST"

Alwina D. Lavendel

Nachdem Alwina während einer sexuellen Eskapade eine intensive Vision erlebt hatte, packte sie wie in Trance ihre Sieben Sachen und verließ ihre gerade bezogene Wohnung spontan. In dieser Vision war ihr ein Ort erschienen, der ihr Leben verändern würde und an dem alle ihre sexuellen Wünsche real werden könnten. Von der Sucht nach „einzigartigem" Sex angetrieben, tritt sie diese Reise ohne Vorbereitung spontan und sofort an.

Ihr altes Auto knattert vor sich hin und scheint auch von Alwinas zielbewusster Art etwas überrascht. Nur sie kennt den Weg und das Ziel dieser Fahrt. So verlässt sie schon nach kurzer Zeit die Stadt und beginnt ihre Reise über endlose Landstraßen. Diese werden ruhiger und leerer, bis sie auf einmal alleine auf der Straße ist. Es wird Nacht und der Mond wie auch die Sterne leuchten jetzt besonders hell. So denkt Alwina nicht einmal daran, vielleicht eine Pause einzulegen und rast die ganze Nacht durch, bis sie am folgenden Morgen eine Zwangspause an einer alten Tankstelle einlegen muss. Ihr

Auto ist nämlich völlig leer gefahren, sodass sie tanken muss. So fährt sie an eine der zwei Zapfsäulen, steigt aus und wartet auf den Tankwart. Dieser kommt gemütlich in seinem mit Öl beschmierten Arbeitskittel, aus seinem Tankhäuschen. Dabei kaut er genüsslich seinen Kautabak und in der rechten Hand hält er noch eine alte, offene Dose Öl. Nein, es ist gar keine Öl-Dose, sondern eine Bierdose. Doch auch diese Tatsache kann das Erscheinungsbild dieses alten Tankwarts nicht mehr aufwerten. „Na, Mädchen! Brauchst Benzin?", fragt er Alwina mit einem gewissen Unterton. „Ja, einmal bitte volltanken", erwidert sie. Der Tankwart geht zur Zapfsäule und beginnt, den Wagen zu betanken. Dabei starrt er Alwina die ganze Zeit an. Je mehr Benzin er in den Wagen füllt, desto merkwürdiger wird sein Lächeln, fast schon hinterhältig.

Tankwart: „Ich hab' den Wagen vollgetankt, macht 45 Dollar."

Alwina: „Ich zahl' mit Kreditkarte."

Der Tankwart kaut vergnüglich auf seinen Kautabak herum und schüttelt mit dem Kopf.

Tankwart: „Kleine, da hinten steht ein Schild."

Alwina dreht sich um und im selben Augenblick greift der Tankwart, in das alte Auto und zieht den Zündschlüssel ab, den Alwina dummerweise stecken gelassen hat.

Tankwart: „… und auf diesem Schild steht NUR BARZAHLUNG."

Alwina schluckt überrascht und sieht, wie der alte Tankwart ihren Autoschlüssel zwischen seinen Fingern hält.

Alwina: „Ich hab' echt kein Bargeld dabei und sorry, das Schild habe ich völlig übersehen:"

Tankwart: „Hast du etwas anderes von Wert dabei?"

Alwina lächelt verlegen.

Alwina: „Nein, ich habe nichts Wertvolles dabei."

Tankwart: „Da hinten ist eine Pumpe, trag sie hierher und Zapf das Benzin bis zum letzten Tropfen wieder aus deinem Auto."

Alwina: „Ja, aber dann komm ich trotzdem nicht hier weg."

Tankwart: „Mädchen, das ist echt nicht mein Problem. Gib mir Bargeld und du bekommst meinen kostbaren Saft."

Alwina schaut den alten Mann an und überlegt. Dieser Tankwart ist mindestens siebzig Jahre und sieht auch noch aus wie scheintot. Aber

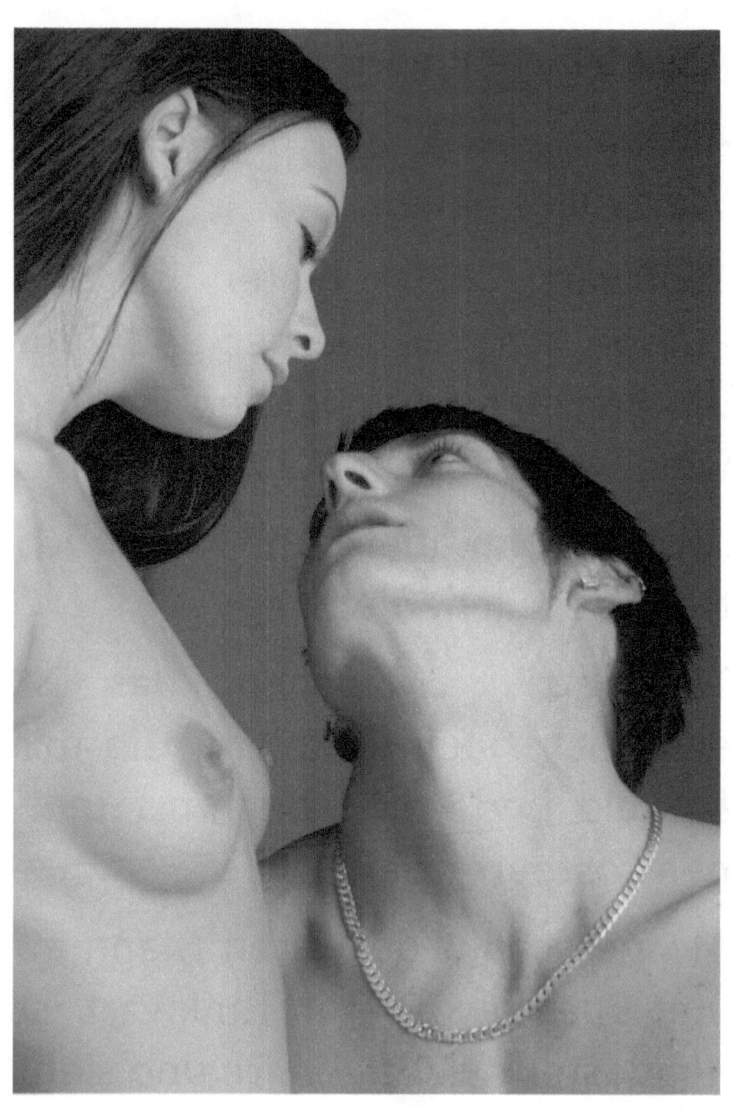

52

sie hat nichts, was sie ihm anbieten kann für seinen kostbaren Saft. „Scheiße", denkt sie sich „Wenn dieser Tankwart wenigstens jünger wäre und vielleicht auch noch sexy aussehen würde. Obwohl, sieht man einem Mann am Schwanz an, wie alt er ist?" Alwina überlegt; mit so einem alten Kerl hat sie es bisher noch nicht getrieben und vielleicht macht es ja sogar Spaß. Alte Besen kehren ja bekannterweise gut. Nach einem kleinen Augenblick entscheidet sie sich dafür, dem alten Mann ein unmoralisches Angebot zu machen.

Zielsicher geht sie auf ihn zu und bleibt ganz nah vor ihm stehen.

Tankwart: „Was ist, Mädchen?"

Alwina: „Ich hab' da so eine Idee! Mit Ihrer alten Pumpe soll ich ja das Benzin, also Ihren kostbaren Saft, wieder aus meinem Auto befördern. Was halten Sie davon, wenn wir gemeinsam zu Ihrer alten Pumpe gehen und ich Ihren kostbaren Saft aus Ihrem Schwanz befördere?

Der Tankwart muss bei diesem Vorschlag erst einmal seinen angesammelten Speichel und Kautabak auf dem Boden verteilen. Er schaut sich Alwina nochmal an und sagt: „Du bist echt heiß, und mit so etwas habe ich echt nicht gerechnet.

Du willst echt dem Opi hier einen runterholen?

Okay, du kannst den Saft in deinem Auto behalten und erlöst mich dafür von meinem kostbaren Saft und zwar dort hinten an der alten Pumpe. Deal?"

Alwina willigt ein und sie gehen gemeinsam zur Pumpe hinüber. Dort öffnet der alte Mann seinen Blaumann und holt mit seinen öligen Händen sein Geschlechtsteil heraus. Alwina schaut ihn und sein bestes Stück fragend an.

„Bisschen dreckig, der Kleine?“, sagt sie darauf hin.

„Was heißt hier Kleiner, sorg‘ dafür, dass er wächst und dreckig!?“

In diesem Augenblick entleert der Tankwart seine Bierdose über seinen Freudenspender und sagt freudig dabei zu Alwina.

„Sauber, und jetzt leg‘ los.“

Alwina atmet tief durch und konzentriert sich intensiv. Sie zählt: „Eins, zwei und drei.“ Dann legt sie los. Ohne zu zögern, nimmt Alwina seinen Schwanz in den Mund. Sie möchte einfach nur, dass er abspritzt und dann könnte sie ja mit ihrem Auto die Reise fortsetzen.

Der alte Tankwart stöhnt leise vor sich hin, während Alwina sein Glied massiert und ganz in ihren Mund aufnimmt. So saugt sie jetzt immer gieriger und härter an ihm herum. „Eigentlich hat der Opi ja einen schönen geilen Schwengel", denkt Alwina auf einmal. „Er ist schön dick und lang und so wahnsinnig hart und auch seine Eichel ist megamäßig prall." Während diese positiven Gedanken in ihr aufkommen, spürt sie auf einmal in sich selbst auch eine gewisse Erregung. Sie wird beim Beglücken dieses „alten" Kerls tatsächlich selber heiß. Als ihr dies bewusst wird, krault sie seinen Sack noch intensiver, leckt seinen Schaft der Länge nach hoch und runter und wichst kräftig lutschend an ihm. Es würde nicht mehr lange dauern, das merkt sie und diese Erkenntnis lässt ihren Mund und ihre Hände noch fester seinen harten Schwanz bearbeiten.

„Gleich kommt es mir", schreit auf einmal, für Alwina völlig überrascht, der alte Tankwart. Doch statt ihn einfach in die Natur spritzen zu lassen, umschließt sie noch fester seinen Freudenstab.

59

„Ahhhhh, jetzt kommt es mir", schreit er entspannt und schießt in diesem Augenblick seine ganze Ladung in Alwinas Mund, diese grunzt und beginnt zu schlucken.

Erschöpft lächelt der alte Tankwart Alwina an und sagt zu ihr:

„Das war ja richtig geil, Mädchen, du hast dir deinen Sprit wirklich verdient."

Alwina lächelt und zwischen ihren weißen Zähnen und ihrer langen spitzen Zunge klebt noch etwas Sperma. Mit ihrer Hand wischt sie sich über ihren Mund und schluckt noch die letzten Reste herunter.

„Hat mir echt auch Spaß gemacht.", erwidert sie, dreht sich um und steigt in ihr vollgetanktes Auto.

Sie winkt und setzt ihre Reise vergnügt fort.

Ihr Weg führt sie durch eine trostlose, wüstenähnliche Landschaft und der

Highway, auf dem sie sich befindet, wirkt wie verlassen. Nach circa zwei Stunden Fahrt erscheint auf der linken Seite ein altes, einsames Motel, das stark an Alfred Hitchcocks Horror-Klassiker Psycho erinnert. Dort kehrt Alwina ein, denn dieses Motel hat sie in ihrer Vision gesehen. Dieses Gebäude wirkt etwas suspekt an diesem Ort. Es steht direkt am Highway und soweit das Auge reicht ist kein weiteres Gebäude zusehen. Nur Wüste und Einöde, selbst Norman Bates' Elternhaus fehlt in diesem skurrilen Bild.

Dennoch betritt Alwina selbstsicher die Rezeption des Motels, denn sie spürt, dass sie hier eine „besondere" Erfahrung erleben wird.

Dafür ist sie ja extra Hunderte von Meilen gefahren.

Ein alter Mann steht hinter dem Tresen und lächelt die junge Frau an.

„Hallo, ich würde gerne ein Zimmer mieten.",sagt sie freundlich zu dem Mann hinter dem morschen Tresen.

„Gerne", erwidert dieser mit einem etwas lüsternen Blick.

„Kann ich hier auch mit Kreditkarte zahlen?", fragt sie daraufhin.

Das Lächeln verschwindet im Gesicht des Hausherrn und ein enttäuschtes „Ja, geht auch" schallt Alwina leise entgegen.

„Ich würde gern das Zimmer Nummer sieben bekommen",

wirft Alwina noch in das Gespräch ein. Der alte Mann schaut sie fragend an und erwidert.„Sonst noch Sonderwünsche?"

Alwina lächelt auf ihre bezaubernde Art und sagt: „Danke, ich bin komplett zufrieden."

So verschwindet sie auf ihr Zimmer, legt sich erschöpft auf ihr Bett und döst etwas ein. Sie wacht aber sofort wieder auf, denn sie hört ein leises Flüstern im Raum.

„Schau her, Alwina D. Lavendel, schau hier her."

Alwina ist etwas verängstigt und sieht sich verwirrt in ihrem Zimmer um. Da erblickt sie neben einem Bild an der Wand ein kleines Loch, durch welches ein helles, gelbes Licht in ihr Zimmer scheint. Neugierig steht sie auf und schaut durch das Loch in das Nachbarzimmer. Dort erblickt sie eine Frau, die nackt durch das Zimmer läuft und sich anscheinend mit jemandem unterhält. „Wie langweilig", denkt Alwina in diesem Augenblick, doch irgendetwas fesselt sie an dieser unmoralischen Situation und so beobachtet sie alles etwas länger. Die Frau im Nachbarzimmer legt sich jetzt auf das Bett und spreizt einladend ihre Beine.

Dabei sagt sie irgendetwas, doch Alwina versteht kein Wort. Im nächsten Augenblick erblickt sie einen wohlgeformten Männerrücken, der sich langsam auf die Frau im Bett zubewegt. Kurz vor dem Bett öffnet der Mann seine Jeanshose, diese rutscht an seinem knackigen und straffen Po hinab zu seinen Füßen. Alwina ist dadurch noch mehr angespannt und sehr erregt. Deshalb beobachtet sie immer weiter, was dort geschieht. Während dieser angespannten Situation gleitet Alwinas Hand zwischen ihre eigenen Schenkel. Dort stimuliert sie sich jetzt unbewusst selbst, immer mit einem Auge an der Wand.

Auch die Umstände im Nachbar-zimmer werden immer schärfer. Der gutaussehende Rücken küsst die Frau auf dem Bett leiden-schaftlich. Der Frau scheint das sehr gut zu gefallen, denn ihr Atem wird immer schneller und ab und an hört man ein leises Stöh-nen. Auf einmal dreht er sie um, sodass Alwina nur noch die Rücken der beiden Liebenden aus ihrem Guckloch sieht.

Der Mann greift jetzt mit seinen Händen nach ihren Pobacken und zieht sie leicht auseinander. Vorsichtig und mit spitzer Zunge versucht er dann, in ihr enges Loch einzudringen. „Oh ja, das ist geil, hör nicht auf damit", sagt auf einmal laut und deutlich die Frau im Nachbarzimmer. Alwina schreckt kurz zusammen, sieht dann aber wieder neugierig durch das Loch im Hotelzimmer. Der Mann auf der anderen Seite, lässt jetzt seine Hand zur Seite gleiten und setzt seine Eichel direkt vor dem nassen und geilen Loch der erregten Frau an. Mit einer schnellen Bewegung drückt er in nur einer Sekunde ihren Oberkörper noch ein Stück weiter nach unten und dringt mit einem kräftigen

69

Stoß ein und bewegt sich dabei langsam vor und zurück. Die Frau schreit:

„Mehr, fester, ohhhh, geil."

So gibt sie sich völlig diesem Kerl hin und entspannt dabei immer mehr. Solange, bis beide zum ersehnten Höhepunkt kommen, wobei dieser geile Typ seinen Saft in mehreren Stößen in ihren Anus spritzt. Voller Erschöpfung sinken beide im Bett zusammen. Die Frau steht aber nach kurzer Zeit wieder auf und bedankt sich bei ihrem Liebhaber.

„Danke für dieses wunderschöne Erlebnis."

Dann zieht sie sich an und verlässt das Hotelzimmer. Alwina rennt jetzt neugierig zu ihrem Hotelfenster und beobachtet die Frau weiter. Diese geht direkt auf den Highway zu und bleibt in der Mitte stehen. Auf einmal wird diese Frau von einem blauen Licht ummantelt. Alwina traut ihren Augen nicht, sieht sie da gerade die Aura dieser Frau? Was ist das? Alwina sprintet zur Tür, öffnet diese und läuft zum Highway. „Stopp", ruft die Frau auf der Straße und Alwina bleibt augenblicklich stehen. In derselben Sekunde wird die Frau von einem Lastwagen erfasst und mitgeschleift. Alwina kann ihr nicht mehr helfen und steht unter Schock am Straßenrand. Da hört sie auf einmal das Klicken eines Feuerzeugs hinter sich. Sie atmet tief ein und dreht sich um. Sie erblickt einen Mann, der sich gerade eine Zigarette anzündet. Das Gesicht ist aber nicht zuerkennen, da er im Schatten steht. Alwina spricht aufgeregt mit dem Mann „Wer sind Sie? Egal, da ist gerade ein Unfall passiert, wir müssen Hilfe holen." Der Mann kommt jetzt auf sie zu und Alwina kann sein Gesicht erkennen.

„Hallo Alwina, schön, dich nach so langer Zeit wieder zu treffen."

Alwina erstarrt schon wieder, diese Stimme, dieses Gesicht! Alles kommt ihr bekannt vor und ihr Gefühl sagt ihr, dass sie diesen Mann schon einmal getroffen hat. Sie dreht sich wieder zum Highway, um der verunglückten Frau zu helfen. Doch die Straße ist völlig ruhig und es ist weder eine Frau noch ein Lastwagen dort zu sehen, geschweige denn ein Unfall. Der mysteriöse Mann reicht ihr seine Hand und beide verschwinden im Motel. „Setz dich erst einmal", sagt der Mann zu Alwina. „Was trinken?" Alwina schüttelt den Kopf und fragt: „Was ist da gerade passiert?" Der Mann nimmt sich einen Stuhl und setzt sich zu Alwina. Dann beginnt er zu erzählen: „Weißt du eigentlich, dass du etwas ganz Besonderes bist? Wir beide kennen uns schon sehr lange. Nicht aus dieser Zeit, nein, aus einer Zeit, die schon einige tausend Jahre vergangen ist. In dieser Zeit haben wir uns geliebt und Treue geschworen, bis über den Tod hinaus. In diesem anderen Leben wurden wir aber hintergangen und verflucht, seitdem streifen wir durch die Zeit. Wir werden beide von einer Begierde nach Sex angetrieben, mit dem einzigen Ziel, unsere größte Befriedigung zu finden.

Unser Fluch ist die endlose Suche nach erotischer Befriedigung." Alwina unterbricht den Mann: „... und die Frau, die auf dem Highway gestorben ist?" Der Mann sieht Alwina tief in die Augen. „Diese Frau ist eine Mörderin und ich habe ihr nur ein schönes Erlebnis vor ihrem Tod geschenkt. So kann sie befriedigt vor den Teufel treten und außerdem gibt mir das auch einen gewissen Kick, der Letzte gewesen zu sein, der es ihr besorgt hat. Wie schon gesagt, wir sind auf der Suche nach dem besonderen erotischen Erlebnis. Du hast doch ihre Aura gesehen, ein Zeichen ihrer Zufriedenheit.

"Alwina denkt nach und ihr wird bewusst, dass dieser Mann vielleicht die Lösung ihrer Suche ist. „Was ist also unsere gemeinsame Aufgabe? Sex? … und das erleben eines besonderen Orgasmus'? Wer hat uns verflucht? … und wir waren ein Liebespaar? Obwohl ich gerade überhaupt nichts empfinde für dich!" Der Mann lächelt Alwina hinterlistig an und sagt dann zu ihr: „Vielleicht sollten wir es miteinander tun. Dann wirst du dich an mich mit Sicherheit erinnern." Alwina stimmt zu und öffnet ihre Bluse. Der Fremde schaut ihr dabei lüstern zu, bis Alwina auf allen Vieren zu ihm hinüber kriecht. Ihre

Hand greift zwischen seine Beine und massiert gleichmäßig sein Geschlechtsteil, das noch immer in seiner engen Jeanshose auf seine Befreiung wartet. Der Mann nimmt nun Alwinas Kopf und schiebt ihn langsam, aber beharrlich, in Richtung seines eigenen Kopfes. Er will sie küssen, doch Alwina hat etwas anderes vor. „Komm, fick mich, meine Fotze läuft schon über", murmelt Alwina leise, aber begierig. Doch irgendwie reagiert dieser Mann nicht wirklich auf diese Bitte. Er nutzt nicht die Möglichkeit, die ihm gerade angeboten wird.

Aber warum?

So öffnet sie einfach seine Jeans-hose und nimmt sein steifes Glied in die Hand. Dann beginnt sie seine Vorhaut vor- und zurückzu-schieben. „Ich kann ihn auch blasen", sagt sie fragend, doch sie erhält keine Antwort. So gleitet sie, ohne Rückfrage, mit der Zunge an seinem steifen Glied herab und beginnt, seinen Schwanz mit ihrer spitzen Zunge und ihrem Mund zu verwöhnen. Bei diesem perfekten Orgasmus-Programm kann auch dieser Mann sich nicht mehr zurückhalten und im Nullkomman-ichts spritzt er seinen Saft in Alwinas Mund. In diesem Moment der Ekstase und Unachtsamkeit greift Alwina, wie von Geisterhand gesteuert, zu dem Schlüssel, den sie vor einiger Zeit von ihrer Vormieterin erhalten hat, und drückt diesen in den Genitalbereich des Fremden. Dieser schreit schmerzvoll auf und entzündet sich wie ein Vampir im Tageslicht. „Du Schlampe, ich verfluche dich wie schon einst. Du wirst niemals deine wahre Liebe finden."

In diesem Augenblick verdunkelt sich der gesamte Raum.

Man kann nicht einmal mehr das Bett, auf dem Alwina liegt, sehen.

Nur Alwina ist noch im tiefen Schwarz der Umgebung deutlich

zuerkennen und um sie herum wird langsam ihre Aura sichtbar. In diesem Moment fühlt sie sich besonders wohl, sicher und geborgen. Dieser unbekannte Mann kann nicht ihre große Liebe gewesen sein. Denn bei einer großen Liebe spürt man mehr als nur Gier und Geilheit. Er muss das Böse gewesen sein. Der, der sie einst verflucht hat. Sicherlich ist er der Grund, weshalb sie diese Reise angetreten hat.

Aber ist das hier ihr Ziel?

Hat sie es wirklich erreicht?

Ist das hier ihr glücklichster Augenblick?

In diesem Moment breitet sich aus ihrem Körper ein heller, greller Strahl aus, der alles erleuchtet und sofort wieder erlischt.

Dunkelheit umgibt Alwina nun.

Doch von irgendwoher erklingen Stimmen, die immer lauter und lauter werden. Da öffnet Alwina vorsichtig ihre Augen, sie liegt auf dem Boden im Sand und eine Menschenmasse läuft auf sie zu, im Hintergrund erkennt sie eine mächtige Pyramide.

Die Menschen helfen ihr auf und Alwina sieht sich an diesem Ort, der ihr bekannt vorkommt, genauer um.

Da ertönt ein lautes Signal und alle Menschen um Alwina gehen auf die Knie.

Ist das der Ort, den sie gesucht hat? ... Und wie ist sie hierhergekommen?

ENDE Teil 1

Unendlichkeit:
Die Reise nach Paradoxa

Elisa ist ein wunderschönes, aufgewecktes und neugieriges junges Mädchen von gerade einmal sechzehn Jahren. Doch in letzter Zeit benimmt sie sich für ihr Alter etwas merkwürdig. Aus dem einst lebensbejahenden Mädchen wird mehr und mehr eine Einzelgängerin. So wendet sich Elisa von ihren alten Freunden immer mehr ab, wie auch von ihrer alleinerziehenden Mutter. Als eines Tages in der Stadt einige Kinder spurlos verschwinden und

Elisas Mutter Gegenstände von den Vermissten in Elisas Zimmer findet, schweigt sie vorerst über diesen Fund, da sie nicht glaubt, dass ihre Tochter auch nur das Geringste mit dem Verschwinden dieser Kinder zu tun hat.

ISBN-13: 978-3734732966

voraussichtlich ab 2016 erhältlich

JOY IN YOU

Deutschsprachige Ausgabe

Bildrechte:

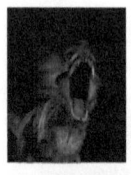 = chrisharvey© Can Stock Photo Inc.

 = bds © Can Stock Photo Inc.

 = prometeus©Can Stock Photo Inc.

 = PROPHOTOSTUDIO©CanStock Photo Inc

 = artfotoss© Can Stock Photo Inc.

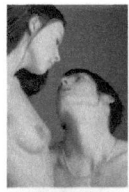

Forgiss© Can Stock Photo Inc.

prometeus© Can Stock Photo

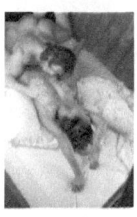

mocker © Can Stock Photo Inc.

© 2015 Denis Geier